Fabian Seyffarth

Standortcluster von Technologiebranchen in Malaysia: Penang und Multimedia Super Corridor

GRIN Verlag

Impressum:

Copyright © 2010 GRIN Verlag, Open Publishing GmbH
Druck und Bindung: Books on Demand GmbH, Norderstedt Germany
ISBN: 978-3-640-69308-5

Dieses Buch bei GRIN:

http://www.grin.com/de/e-book/156498/standortcluster-von-technologiebranchen-
in-malaysia-penang-und-multimedia

Standortcluster von Technologiebranchen in Malaysia: Penang und Multimedia Super Corridor

Master-Hauptseminar: „Technologieregionen"

Fabian Seyffarth

SoSe 2010

INHALT:

1   Einleitung

Um sich den Technologieclustern in Malaysia zu nähern stellt diese Arbeit zunächst einmal den Clusterbegriff, dessen Entwicklung und dessen Anwendung auf Schwellenländer vor. Anschließend werden die Cluster in Penang bzw. der Multimedia Super Corridor (MSC) unter den zuvor vermittelten Gesichtspunkten der Clustertheorie beschrieben. Bei dem Fallbeispiel aus Penang wird besonders die Rolle der multinationalen Unternehmen hervorgehoben und es wird versucht, eine qualitative und quantitative Bewertung der Leistungsfähigkeit des Clusters abzugeben. Letzteres wird ebenso für den MSC versucht, zusätzlich wird hier die Intention des Gesellschaftlichen Wandels in der Politik beleuchtet. Außerdem versucht diese Arbeit aufzuzeigen, wo die politische Clusterförderung in Malaysia an ihrer Grenzen stößt.

2   Clusterkonzept

Dieses Kapitel erklärt das theoretische Konzept des Cluster, kann jedoch gleichwohl keine allgemeingültige Definition für „Das Cluster" liefern. Denn das heute weit verbreitete Clusterkonzept geht auf die Werke des Wissenschaftlers Porter aus dem Jahr 1990 zurück. Ausgehend von Porters Überlegungen, welche im Folgenden näher betrachtet werden, hat sich der Clusterbegriff bis heute kontinuierlich und zum Teil in unterschiedliche Richtungen weiterentwickelt und wurde neu interpretiert, modifiziert und erweitert. Dieses Kapitel soll des Weiteren, auch mit Blick auf die eigentliche Fragestellung nach speziellen regionalen Standortclustern in Malaysia, die Anpassung des Clusterkonzeptes auf die Gegebenheiten in Schwellenländern erläutern.

2.1   Der Porter'sche Diamant

Grundlagen des Porter'schen Verständnises für ein (industrielles) Cluster sind seine Überlegungen zur Erklärung unterschiedlicher Wettbewerbsfähigkeiten von Ländern. Aus der Frage, warum sich die Unternehmen eines Landes in einer Branche besonders gegen Mitbewerber aus anderen Ländern behaupten können, entwickelt Porter nach einem Ländervergleich vier grundlegende Eigenschaften eines Landes, welche den Erfolg von Unternehmen in einem Land determinieren (vgl. Porter 1990:71 & Porter 1999:29). Diese Eigenschaften sind im Einzelnen:

(1)	Faktorbedingungen. Diese umfassen die qualitative und quantitative Ausstattung eines Landes mit Produktionsfaktoren. Nach Porter reicht das bloße Vorhandensein von Produktionsfaktoren in einem Land nicht aus, um wettbewerbsfähig zu sein. Der produktive Einsatz, die Fortschrittlichkeit und die Spezialisierung der Produktionsfaktoren spielen eine bedeutendere Rolle.

(2)	Nachfragebedingungen. Nach Porter sind die Nachfragebedingungen ebenfalls von hoher Bedeutung für die Wettbewerbsfähigkeit einzelner Branchen, da sie Investitionen und Innovationen lenken. Auch die Nachfragebedingungen werden qualitativ und quantitativ bewertet. Auch hier spielt, wie bei den Faktorbedingungen, der qualitative Aspekt, nämlich die Dynamik und die Zusammensetzung der Nachfrage die wichtigere Rolle. Grundsätzlich sieht Porter jedoch die Inlandsnachfrage als bedeutenden Nachfragefaktor an. Die Auslandsnachfrage spielt eine nachgeordnete Rolle.

(3)	Verwandte und unterstützende Branchen. Deren Vorhandensein schafft Kosten-, Koordinations- und Verflechtungsvorteile welche zur bessern Wettbewerbsfähigkeit beitragen. Konkret bedeutet dies, ein Vorhandensein von bereits wettbewerbsfähigen Zulieferindustrien oder verwandter Branchen können durch enge Beziehungen Innovationsprozesse hervorbringen und zu gegenseitigen Vorteilen führen.

(4)	Unternehmensstrategien und Inlandswettbewerb. Ein starker Inlandwettbewerb übt einen positiven Druck auf die Unternehmen aus, welcher zu einer ständigen Weiterentwicklung, zu Innovationsprozessen und zu Bemühungen um weitere Markterschließungen führt.

Neben den vier wichtigen genannten Eigenschaften, die die Wettbewerbsfähigkeit einer Branche determinieren, zeigt Porter noch zwei weitere Einflussfaktoren, die von ihm als weniger wichtig bewertet werden, auf: Zum einen das Handeln des Staats in Form von Subventions-, Bildungs-, Forschungs-, Technologie- und Infrastrukturpolitik und zum anderen Zufälle wie bspw. Kriege oder Naturkatastrophen (vgl. Bathelt/Glückner 2002:150 & Bathelt/Glückner 2003:148ff. & Porter 1990:73, 124ff.).

Im Porter'schen Diamanten stehen sich die vier oben genannten wichtigen Eigenschaften eines Landes in einem wechselseitigen Zusammenwirken gegenüber. Die Wirkung des einzelnen Faktors hängt somit auch vom Zustand der jeweils anderen Faktoren ab. Es kommt zu einem buchstäblichen Verwischen in den Ursache-Wirkungsbeziehungen, die der Porter'sche Diamant als nationales Unternehmensumfeld abbildet, also jenes System, in dem Unternehmen eines Landes entstehen, sich weiterentwickeln und miteinander konkurrieren. In diesem Geflecht wirken sich das Handeln des Staates und der Zufall ebenfalls auf alle vorhandenen Eigenschaften des Systems aus (vgl. Abb.1).

Für die Wettbewerbsfähigkeit von Branchen bedeutet dies, dass Branchen in Ländern mit besserem Unternehmensumfeld (wie im Porter'schen Diamanten abgebildet) bessere Wettbewerbschancen haben.

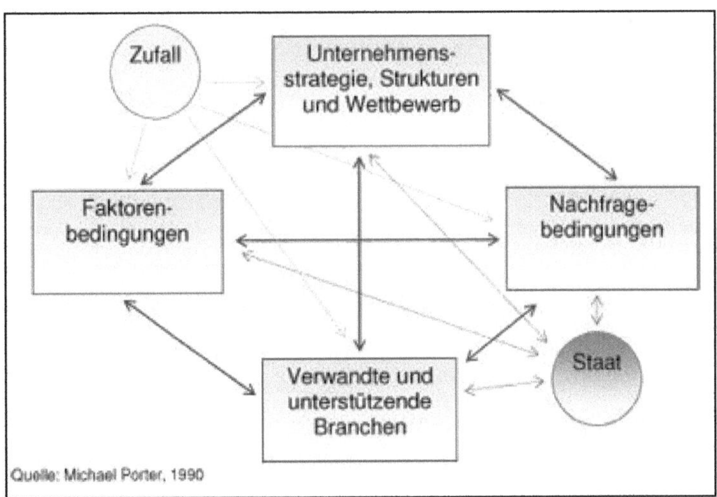

Abbildung 1 – Der Porter'sche Diamant. Quelle: Clusterland Oberösterreich GmbH (Hrsg.) 2010.

Diese, von Porter entwickelte, ursprüngliche Sichtweise fokussiert nationale (Industrie-) Cluster, in denen die Bedingungen des „nationalen Diamanten" zu einem nationalen Wettbewerbsvorteil führen. Porter bemerkte jedoch auch bereits, dass die oben genannten vier entscheidenden Faktoren und ihre wechselseitigen Beziehungen durch räumliche Nähe begünstigt werden. Räumliche Nähe der Unternehmen einer Branche begünstigt den positiven Wettbewerb und den Informationsaustausch. Hieraus resultiert eine Steigerung der Effizienz und der, positiv bewerteten, Spezialisierung. Insgesamt fördert die räumlich Nähe die, für die Wettbewerbsfähigkeit besonders wichtigen, Innovationsprozesse in einem Cluster (vgl. Porter 1990:156f. & Porter 1999: 178ff.). Welche Prozesse genau in einem regionalen Cluster ablaufen und wie diese zu begünstigenden Faktoren werden, kann Porters Ansatz nicht erklären. Da diese Prozesse aber für diese Arbeit eine wichtige Rolle spielen - und auch für das heutige Verständnis für den Begriff „Cluster" entscheidend sind -werden sie im nächsten Kapitel beschrieben.

2.2   Regionale Cluster

Um sich den theoretischen Grundlagen der regionalen Cluster anzunähern, kann einleitend der OECD-Ansatz herangezogen werden. Demnach wird die Struktur eines regionalen Clusters wie folgt beschrieben:

> *„Interdependenz und vertikale Kooperation der Akteure entlang der unternehmensübergreifenden Wertschöpfungskette einer bestimmten Branche, die auf Handelsbeziehungen, Innovationsnetzwerken, Wissensflüssen oder einer gemeinsamen Wissensbasis beruhen."* (vgl. Kiese 2005)

Diese Betrachtungsweise greift in gewisser Weise den Ansatz von Porter auf. In regionalen Clustern nach dem OECD-Ansatz werden implizit die von Porter erkannten Wettbewerbsvorteile, resultierend aus einem spezifischen Unternehmensumfeld, angenommen und kommen in den genannten Merkmale (Handelsbeziehungen, Innovationsnetzwerke, Wissensflüsse und Wissensbasis) zum Ausdruck. Jedoch ist der OECD-Ansatz losgelöst von einer nationalen Ebene. Der „neue" Clusteransatz thematisiert somit die Prozesse, welche zum Teil gleichermaßen Ursache und Wirkung für die regionale Konzentration an Unternehmen einer bestimmten Branche – also Cluster - sind. Die Theorie des Industriedistriktes und die Theorie des Kreativen Milieus liefern wichtige Erklärungsansätze für Prozesse innerhalb eines Clusters und auch für clusterbildende Prozesse und sie sind eng mit der Clustertheorie verzahnt. Die im Folgenden aufgegriffenen Aspekte können durchaus mehreren Theorien zugeordnet werden (vgl. Fromhold-Eisebith 2001:28ff.). Da in dieser Arbeit Cluster in Technologieregionen betrachtet werden, wird versucht immer eine Anwendung der Aspekte auf den Clusterungsprozess vorzunehmen. Zwar muss ein regionales Cluster nicht zwangsläufig die folgenden Merkmale aufweisen, jedoch werden sie gerade in technologieorientierten Clustern als bedeutend angesehen. Ein wichtiger

Aspekt der Clusterbildung ist, neben den unten erläuterten Aspekten, das Vorhandensein einer kritischen Masse. Es wird angenommen, dass eine nicht näher zu bestimmende kritische Masse erreicht werden muss, damit die im Folgenden beschriebenen Prozesse sich selber verstärken und zu einer positiven Clusterentwicklung beitragen (vgl. Kiese 2005).

2.2.1 Handelsbeziehungen

Wieso profitieren in einem Cluster Unternehmen von der räumlichen Nähe zu Unternehmen gleicher Branchen? Um dieser Frage nachzugehen ist es zunächst einmal wichtig, sich vor Augen zu führen, welche Art von Beziehungen Unternehmen miteinander führen können. Grundsätzlich unterscheidet man zwischen horizontalen und vertikalen Unternehmensbeziehungen. Während Porter die Konkurrenzsituation (horizontal) für einen Wettbewerbsvorteil verantwortlich machte, gehen die moderneren Clustertheorien davon aus, dass die kooperative (vertikale) Vernetzung der Unternehmen eine bedeutendere Rolle spielt. Im Detail bedeutet dies für ein Cluster eine räumliche Konzentration von Unternehmen, spezialisierten Zulieferern und Dienstleistern und Unternehmen verwandter Branchen entlang einer Wertschöpfungskette. Man spricht hierbei auch von einem Lokalen Produktionssystem (vgl. Bathelt/Glückner 2003:190). Darüber hinaus besteht in einem Cluster eine räumliche Konzentration an Institutionen wie Verbänden und (spezialisierten) Bildungseinrichtungen (vgl. Sauter 2004:66). Zusammen mit dem lokalen Produktionssystem spricht man hierbei vom Innovationsnetzwerk (vgl. Sauter 2004:67). Der Vorteil in den vertikalen Kooperationsbeziehungen liegt in der sog. Flexiblen Spezialisierung. Hierbei entwickeln Zulieferer spezifische Kompetenzen und sind durch die Eingrenzung ihres Fachgebiets in der Lage auf die Wünsche der Kunde schnell und flexibel zu reagieren. Es sei allerdings festgehalten, dass die Flexible Spezialisierung gleichermaßen als Ursache der Fragmentierung in der Produktion und den daraus resultierenden vertikalen Vernetzungen angesehen werden kann. In Anlehnung an die eingangs gestellte Frage kann an dieser Stelle geantwortet werden, dass das vermehrte Vorhandensein von Unternehmen einer speziellen Branche an einem Standort einen wichtigen Standortfaktor für Zulieferbetriebe darstellt. (vgl. Bathelt/Glückner 2003:187f.). Allerdings geht die Bedeutung der räumlichen Nähe in einem Cluster noch darüber hinaus. Räumliche Nähe erleichtert die face-to-face Kommunikation zwischen Unternehmern und dient so - durch kontinuierliche Abstimmungsprozesse, einheitliche Normen und Konventionen und Traditionen - der Produktivitätssteigerung, Interaktionssteigerung und vor allem der Vertrauensbildung. Der Clusterbegriff wird so um eine sozio–kulturelle bzw. –institutionelle Ebene erweitert (vgl. Sauter 2004:66). Diese Ebene stellt die Grundlage der Wissensflüsse und der Wissensbasis in einem Cluster dar.

2.2.2 Wissensflüsse und Wissensbasis

Die sozio-kulturelle bzw. sozio-institutionelle Einbettung des lokalen Produktionssystems mit ihren oben beschriebenen Implikationen (face-to-face Kommunikation, kontinuierliche Abstimmungsprozesse, einheitliche Normen, Konventionen, Traditionen, Produktivitätssteigerung, Interaktionssteigerung und Vertrauensbildung) führt vor allem zu Wettbewerbsvorteilen durch qualitative und quantitative Aggregation von Wissen. Eine gemeinsame Wissensbasis, als Grundlage von Innovationen, entsteht in eben dieser Einbettung durch formelle und informelle Informationsflüsse oder „spillovers". Ebenso ist die o.g. Spezialisierung in der Produktion Grund und Ursache für bzw. von fortwährenden Lernprozessen, welche zur Wissensbildung beitragen (vgl. Bathelt/Glückner 2003:189ff.). Der Erwerb von Wissen in Unternehmen erfolgt insbesondere durch:

- „Learning by searching": Ein Unternehmen sucht gezielt nach Informationsquellen um Wissen zu generieren. Auch FuE-Aktivitäten zählen zu diesem Bereich.

- Produktionsbezogenens Lernen: Neues Wissen entstehet hierbei als sprichwörtliches Nebenprodukt der täglichen Produktionserfahrungen.

- „Learning by doing/using": Wissen entsteht in diesem Lernprozess durch die Anwendung neuer Techniken und Produktionsweisen.

- Qualifikationsbezogenes Lernen: Unternehmen generieren bei dieser Variante ihr Wissen durch gezielte Weiterbildung der Beschäftigten oder durch Anwerben von Beschäftigten mit relevantem Wissen.

- Unternehmensübergreifendes Lernen oder „learning by interacting" stellt die Form des Wissenserwerbs da, die wohl von Clusterkonstellationen am meisten profitiert. Hierbei wird in Unternehmen Wissen durch enge Kontakte und Abstimmungsprozesse in Zuliefer- und Abnehmerbeziehungen generiert. Beispielsweise kann in dieser Form ein Abnehmer seine Zulieferer über die genauen technologischen Anforderungen des nachgefragten Produktes informieren und ihm so Wissen vermitteln (vgl. Bathelt/Glückner 2003:244f.).

2.2.3 Innovationsnetzwerke und Innovationssysteme

Das quantitative und vor allem das qualitative Vorhandensein von Wissen ist nach den obigen Ausführungen durch räumliche Nähe begünstigt. Es wirkt sich, zusammen mit anderen Faktoren des regionalen Innovationsnetzwerkes, auf die Effizienz des regionalen Innovationssystems aus (vgl. Sauter 2004:67). Innovationen wiederum spielen eine entscheidende Rolle bei der Überlebensfähigkeit eines Clusters, da sie für eine wirtschaftliche Weiterentwicklung des Clusters maßgeblich sind (vgl. Kiese 2005). Ein Innovationssystem ist dabei nicht nur von den oben genannten Akteuren des Innovationsnetzwerks geprägt, sondern unterliegt weiteren Einflüssen. Ein weiterer wichtiger, bisher nicht genannter Einflussfaktor ist die staatliche Ausrichtung der (Technologie-) Politik. Die Technologiepolitik ist Teil eines nationalen Innovationssystems, welches die Formierung eines regionalen Innovationssystems zur Folge haben kann bzw. soll. Eine besonders wichtige Rolle im Innovationssystem spielen auch die FuE-Aktivitäten der Unternehmen und Institutionen (vgl. Fromhold-Eisebith 2001:48ff.). Man könnte argumentieren, dass sich die Effizienz des regionalen Innovationssystems auf die FuE-Aktivitäten der Unternehmen auswirken. Gleichzeitig sind die FuE-Aktivitäten der Unternehmen ein wichtiger Ausgangspunkt für Vernetzungs- und Kooperationsaktivitäten innerhalb eines Systems.

2.2.4 Regionale Effekte von Clustern

Neben der räumlichen Ballung von Industriebetrieben und deren Dienstleistern und Infrastruktur hat ein regionales Cluster natürlich weitere Implikationen auf eine Region. Einem Cluster wird typischerweise auf Grund der vorhandenen Prozesse nachhaltiger wirtschaftlicher Erfolg zugesprochen (vgl. Fromhold-Eisebith 2001:31). Nicht umsonst ist der Begriff der „Lernenden Region" ebenfalls eng mit dem Clusterbegriff verzahnt. Wie die vorherigen Ausführungen gezeigt haben, sind viele der Prozesse in einem Cluster bzw. clusterformende Prozesse nicht auf die Unternehmensebene beschränkt. Daher sind regionale Implikationen eines Clusters, wie oben beschrieben, auch Innovations- und Lernfähigkeit einer gesamten Region. Hiermit geht eine spezifische Sozialstruktur einher und es herrscht ein institutionelle Dichte vor. Zusammen kommt es so zum sog." labor market pooling": Unternehmen und Arbeitnehmer profitieren gegenseitig voneinander, da Arbeitsangebot und Arbeitsnachfrage, auch für besonders Qualifizierte, stimuliert werden (vgl. De Blasio / Di Addario 2002:3).

2.3   Zwischenfazit

Wie die vorherigen Kapitel verdeutlicht haben, hat der Clusterbegriff, wie er für diese Arbeit betrachtet wird, sich von einem Nationalstaatlichen Erklärungsansatz für Wettbewerbsvorteile hin zu einem komplexen Erklärungs- und Analyseansatz für Prozesse innerhalb einer regionalen Branchenkonzentration entwickelt. Bei der Betrachtung regionaler Cluster müssen aber dennoch die nationalen Aspekte weiter Berücksichtigung finden, da sie mit zu einem Umfeld gehören, welches für die Clusterprozesse mitverantwortlich ist. Zusammenfassend lassen sich folgende Akteure in einem Cluster bzw. in den weiter gefassten Clusterprozessen ausmachen:

- Unternehmer, Arbeitnehmer und Gründer als Teil des sozialen Umfeldes.
- Branchenspezifische Unternehmen, als wirtschaftlich agierende Subjekte.
- Zulieferer und Dienstleister der branchenspezifischen Unternehmen.
- Der Staat, als politischer Richtungsweiser, auch für einzelne Regionen.
- Institutionen und Bildungseinrichtungen als Kooperationspartner, Kooperationsförderer und „Wissensförder".
- Das Humankapital als Zustand des Arbeitsangebotes und Qualifikationsniveaus vor Ort.

Alle zusammen bilden das lokale Innovationsnetzwerk. Unter den Akteuren in einem Cluster sind unter anderem folgende Prozesse von Bedeutung:

- Arbeitsteilung, Fragmentierung, Spezialisierung, Flexibilisierung und Kooperationen auf Ebene der Unternehmen.

- Vertrauensbildung durch räumliche Nähe, enge Kontakte und gleichen kulturellen, sozialen oder institutionellen „Backround".
- Wissenstransfer unterschiedlicher Arten und Wissensspillovers, begünstigt letztlich auch durch räumliche Nähe.
- „labor market pooling", als Produkt unterschiedlicher Arbeitsmarktprozesse.
- FuE-Aktivitäten welche auch als Input-Indikator für Innovativität in einem Cluster herangezogen werden können.

Erst nach Erreichen der kritischen Masse können die Prozesse sich selber verstärken und der Clusterbildung zuträglich sein. An dieser Stelle kann bereits die Frage aufgeworfen werden, inwiefern die (Regional-) Politik ein Cluster initiieren kann oder durch gezielte Förderung zum Clusterungsprozess beitragen kann. Die Antwort auf diese Frage findet sich in Kapitel 4 sowie im Fazit dieser Arbeit wieder.

Da die ursprünglichen Überlegungen zur Clustertheorie auf Untersuchungen in westlichen Industrieländern beruhen und grundsätzlich auf diese System ausgerichtet sind, muss - bevor das nun vorgestellte theoretische Konstrukt des Clusters auf die Untersuchungsräume angewendet werden kann - zunächst überprüft werden, ob es sich auf den Untersuchungsraum übertragen lässt.

3   Einordnung der theoretischen Konzepte in einen landesspezifischen Kontext

Die beiden Untersuchungsräume - Penang und der Multimedia Super Corridor (MSC) – befinden sich in Malaysia. Malaysia ist nach unterschiedlichen Definitionen ein Schwellenland oder „Newly Industrialized Country" (NIC). Bspw. nach der Länderkategorisierung der G20-Staaten oder der Einordnung der Vereinten Nationen gehört Malaysia zu den NICs oder „Newly Industrialized Economies" bzw. „Developing Economies" (vgl. UNCTAD (Hrsg.) 2010 & Kreutzmann 2007:4). Ohne die Diskussion um die detaillierte Abgrenzung verschiedener Konzepte der Kategorisierung von Volkswirtschaften vertiefen zu wollen können jedoch pauschal folgende Eigenschaften von NICs destilliert werden. NICs sind Länder, welche den Anschluss an Industriestaaten suchen und dabei von hohen Wirtschaftswachstumsraten geprägt sind. Grundsätzlich ist das Ausgangsniveau der NICs gering. Mit steigenden Löhnen, Verbesserungen im

Bildungs- und Gesundheitswesen, Verringerung der Armut und der „Arm-Reich-Disparitäten" sind NICs durch steigende Werte des „Human Development Index" (HDI) bzw. niedrige Werte des „Human Poverty Index" gekennzeichnet (vgl. Kreutzmann 2007:6ff.). Beispielsweise liegt der HDI von Malaysia bei 0,892 (2007), Malaysia belegt damit insgesamt Rang 66, der HDI Malaysias lag im Jahr 1980 noch bei einem Wert von 0.666 (Deutschland 2007: HDI = 0,947; Rang = 22) (vgl. UNDP (Hrsg.) 2009:170ff. & UNDP (Hrsg.) 2010).

NICs weisen also Eigenschaften auf, die in Industrieländern bzw. vollständig industrialisierten Ländern nicht vorhanden sind. Durch ihren sog. „Latecomer-Status" haben sie die Möglichkeit Aufhol-Vorteile zu generieren und politische Rahmenbedingungen in NICs sind oft besonders förderlich für wirtschaftliche Strukturen. Da in Schwellenländern zu Beginn ihrer Entwicklung kaum mit effektivem Handeln privater Akteuere zu rechnen ist, ist der Staat DER prägende Wirtschafts- bzw. Industrieförderer der Frühphase der Entwicklung (vgl. Fromhold-Eisebith 2001:51). Jedoch weisen NICs oft eine geringwertige Funktion in der internationalen Arbeitsteilung auf und sind bei dem Erwerb von neuem Wissen oft abhängig von internationalem Wissens- und Technologietransfer. Eine Aufgabe, die NICs zu bewältigen haben, ist daher, die Wertschöpfung einer Wertschöpfungskette zumindest anteilsmäßig in das eigene Land zu verlagern und von der einfachen Massenfertigung Abstand zu gewinnen. Innovationen in NICs werden nicht vornehmlich auf die Entwicklung gänzlich neuer Technologien bzw. Produkte bezogen, wie es in Industrieländern der Fall ist, sondern vielmehr auf Produkt,- Prozess- und Organisationsneuerungen. Hieraus resultiert ein leicht abgeänderter Maßstab für Innovation in NICs gegenüber Innovationen in Industriestaaten (vgl. Diez / Schätzl 2006:8ff.). Erschwerend kommt hinzu, das die Wirtschaftsstruktur der NICs oft stark durch multinationale Unternehmen (MNU) gekennzeichnet ist (vgl. Fromhold-Eisebith 2001:3ff., 46ff.).

Abbildung 2 zeigt wie sich die Gegebenheiten in den NICs auf das Innovationssystem auswirken. Einige bekannte Bestandteile der Clustertheorie sind auch hier wiederzufinden (Kontakte, soziale/kulturelle Aspekte, Staat und die grundsätzliche Idee des dynamischen Unternehmensumfeldes welches die Wirtschaftlichkeit beeinflusst). Die Fläche, welche in dieser Abbildung zwischen den einzelnen Faktoren aufgespannt wird, repräsentiert hierbei das Innovationssystem. Je nach Einflussstärke des Faktors in einem bestimmten Land verändert sich die Fläche, also das Innovationssystem. Hierbei wird zwischen Faktoren mit „eher hemmender" und Faktoren mit „eher fördernder Wirkung" unterschieden (vgl. Abb.2).

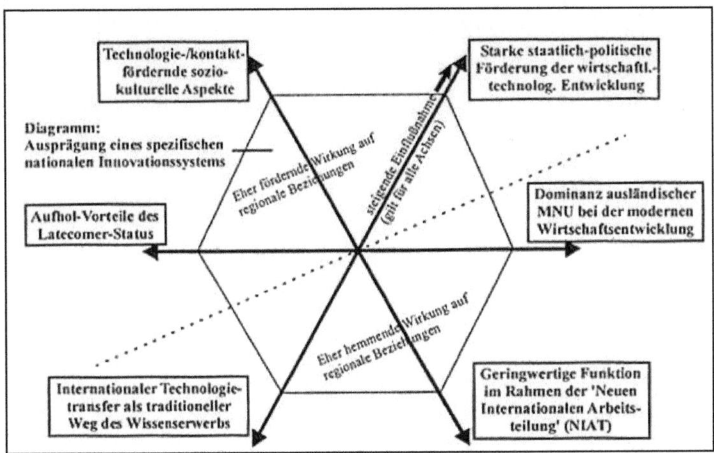

Abbildung 2 - Spezifika nationaler Innovationssysteme von (asiatischen) NICs mit Einfluss auf Beziehungssysteme in Technologieregionen. Quelle: Fromhold-Eisebith 2001: 48.

Des Weiteren müssen die Formen des internationalen Technologietransfers ange- sprochen werden, da diese für NICs die wesentliche Quelle des Wissenserwerbs darstellen (vgl. Diez / Schätzl 2006:8ff.). Abbildung 3 zeigt die möglichen Formen des internationalen Technologietransfers. Export von Gütern in Entwicklungsländer führt demnach lediglich zu Nachahmungseffekten, erzeugt jedoch keine Wertschöp- fung. Auch die Lizenzvergabe an Unternehmen in Entwicklungsländern ist lediglich eine technologische Allianz und führt nicht unbedingt zu Wissensflüssen, auch eine Wertschöpfung im Entwicklungsland findet fast nicht statt. Die für eine sich entwi- ckelnde Region besonders vorteilhafte Form des internationalen Technologietrans- fers wird durch die MNUs hervorgerufen. Direktinvestitionen in Form von Zweigbe- trieben der MNUs in Entwicklungsländern schaffen vor Ort neue Strukturen in Form von Zulieferern, Abnehmern und Dienstleistern. So entstehen Lernprozesse (nach zuvor beschriebenen Mechanismen) und es findet eine Wertschöpfung in der Region statt (vgl. Abb. 3 & Kulke 2008:253ff.). Außerdem impliziert dieses Konzept des Wis- senstransfers, dass vor Ort neue und vor allem einheimische Betriebe entstehen, um mit den Zweigbetrieben der MNUs vertikal zu kooperieren. Letztlich stellt die Entwicklung von adäquatem Humankapital somit eine wesentliche Herausforderung bei der wirtschaftlichen Entwicklung der NICs dar (vgl. Diez / Schätzl 2006:8ff.).

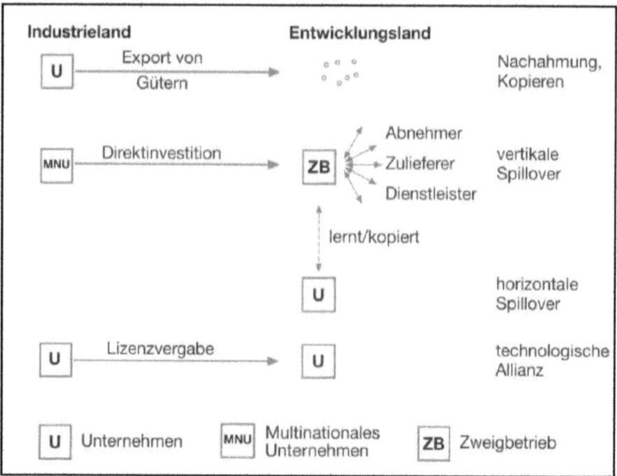

Abbildung 3 - Formen internationalen Technologietransfers. Quelle: Kulke 2008:258.

Zudem trägt das Humankapital einer Region in großem Maße zur technologischen Absorptionsfähigkeit der Unternehmen vor Ort bei. Die technologische Absorptionsfähigkeit beschreibt die Fähigkeiten der Unternehmen, relevantes Wissen zu erkennen, zu integrieren, weiterzuentwickeln und letztlich zu kommerzialisieren. Hierbei ist eine ausgeprägte Wissensbasis von essentieller Bedeutung, da diese die Grundlage der Absorptionsfähigkeit bildet (vgl. Berger 2007:47ff.). Über die Wissensbasis findet dieses Konstrukt den Rückkanal zum Humankapital. Diese gesamte Entwicklung kann ein NIC ohne MNUs nach Auffassung der Literatur nicht bewältigen. MNUs können also als besonders bedeutende Akteure bei der Clusterbildung in NICs angesehen werden. Eine detaillierte Beschreibung des regionalen Wirkungsgefüges folgt in den nächsten Kapiteln anhand der regionalen Beispiele.

Insgesamt kann an dieser Stelle festgehalten werden, dass das zuvor vorgestellte Clusterkonzept sich mit einigen Anpassungen und Erweiterungen – wie o.g. – auf die Gegebenheiten in NICs und somit auch auf Malaysia anwenden lässt.

4 Technologieregionen Malaysias

Der nun folgende Abschnitt dieser Arbeit betrachtet Technologiebranchen in Malaysia in regionaler Konzentration unter dem Gesichtspunkt „clusterrelevanter" Faktoren und Prozesse unter besonderer Berücksichtigung der Rolle der MNUs.

Vorab muss erläutert werden, dass Malaysia als NIC von regionalen Disparitäten geprägt ist. Der Standort Penang – der im Folgenden beschrieben wird – wird bspw. als „high-tech-Enklave" innerhalb Malaysias beschrieben (vgl. Diez / Kiese 2004:12). Wenngleich also die Technologiestandorte wie Penang oder der MCS für die Entwicklung Malaysias , hin zu einem Industrieland, eine wichtige Rolle spielen, so bleibt doch festzuhalten, dass die folgend beschriebenen fortschrittlichen Entwicklungen nicht als nationaler, sondern vielmehr als regionaler Trend betrachtet werden müssen. Verantwortlich für die regionalen Trends ist unter anderem das Projekt „Vision2020" des malaysischen Ministerpräsidenten Mahathir aus dem Jahr 1991. Ziel des ehrgeizigen Projektes ist es, Malaysia bis zum Jahr 2020 zu einem vollständig entwickelten Industriestaat zu machen. Neben vielen Einzelprojekten beinhaltet „Vision2020" auch die Modernisierung des Bildungssystems und den Ausbau der Forschung und der Hochtechnologie. Zur Erfüllung dieser Ziele wurden unter anderem Sonderwirtschaftzonen geschaffen und adäquate Infrastruktur zur Verfügung gestellt (bspw. MSC). Differenziert und mit Augenmerk auf die Disparitäten betrachtet, bedeutet dies, dass im Jahr 1991 ein Ziel die Elektrifizierung des gesamten Landes war und gleichzeitig ein anderes Ziel die Bereitstellung von Hochleistungsglasfasernetzen in Sonderzonen war (vgl. Pretzell 2000:56f. & wawasan2020.com (Hrsg.) 2008). Die Sonderwirtschaftszonen, zu denen auch Penanag und der MSC zählen, sind zwar Träger bzw. Führer der Entwicklung des gesamten Landes, sind aber ebenso auf die Entwicklung des Landes und die qualitative Entwicklung seiner Bevölkerung (Humankapital) angewiesen.

Als Startpunkt für die Ausführungen zur wirtschaftlichen Entwicklung Malaysias soll hier das Jahr 1972 gewählt werden. Im Jahr 1972 wurden in Malaysia die ersten Freihandelszonen etabliert (so auch in Penang). Durch temporäre Steueraussetzungen, Zollbegünstigungen und staatliche Kontrolle über gewerkschaftliche Aktivitäten wurden so eine Vielzahl von exportorientierten MNUs aus dem Bereich der Elektroindustrie angelockt. Der Anteil der Elektro- und Elektronikprodukte (E&E) an den malaysischen Exporten wuchs von 0,7 % (1968) auf 71 % (1997) (vgl. Rasiah 2002:90).

Zuvor waren die zaghaften malaysischen exportorientierten Wirtschaftsaktivitäten fast ausschließlich auf die Produktion von Textilien und Palmöl beschränkt. Ergänzend ist das niedrige Lohnniveau als wichtiger Anreiz für die zunehmenden Aktivitäten internationaler Firmen zu sehen (vgl. Stracke 2006:46). Warum bei dieser dynamischen Entwicklung der malaysischen E&E-Industrie den MNUs eine so bedeutende Rolle zukommt, wird am Beispiel der Entwicklung des regionalen Clusters in Penang deutlich.

4.1   Industrielle Entwicklung und Politik Malaysia mit besonderem Augenmerk auf die Region Penang als Standort der Elektro- und Elektronikindustrie

Wenn in diesem Kapitel Aussagen über Malaysia im Allgemeinen getroffen werden, so sind sie an dieser Stelle zwar etwas weiter greifend, jedoch von hoher Relevanz für Penang. Um dies zu verdeutlichen, können die Zahlen Abbildung 4 herangezogen werden.

	1995	2000	2007
Penang's exports as a share of Malaysia's exports	23.6	27.7	31.0
Penang's electronics exports as a share of Malaysia's electronics exports	35.8	36.1	49.0
Source: UN Comtrade			

Abbildung 4 - Anteil der Exporte Penangs an Malaysias Gesamtexporten. Quelle: Nabeshima, K. / Yusuf. S 2009: 4.

Neben dem Fakt, das Penang seine wirtschaftliche Bedeutung für den Export kontinuierlich erhöht hat, ist festzuhalten, dass Penangs Exporte fast ein Drittel des gesamten malaysischen Exportes ausmachen. In der hier fokussierten E&E-Branche liegt die Bedeutung mit fast 50% Exportanteil noch deutlich höher.

Im folgenden Teil dieser Arbeit wird versucht, neben der allgemeinen Einordnung Malaysias Wirtschaft und Industrie, aufzuzeigen, wo und wie die Rahmenbedingungen für eine erfolgreiche Clusterung auf politischer bzw. institutioneller Ebene geschaffen wurden.

Das Bildungssystem Malaysias kann einen, als gut zu bezeichnenden, Pool an Arbeitskräften sekundärer Bildungsstufe aufweisen. So kam es zu Beginn der Entwicklung zu Verlagerungen der „large-scale but low-skill" Massenfertigung nach Penang (vgl. Rasiah 2002:91). Die Nachfrage der MNUs richtete sich auf ein quantitativ hohes Angebot an günstigen Arbeitern mittlerer Bildungsstufe, welche die MNUs einfach anlernen konnten. Der Erfolg der zahlreichen Ansiedlungen dieser exportorientierten Firmen ist mitbestimmt durch die Aktivitäten der „Malaysian Industiral Developement Authority" (MIDA) und der „Penang Development Corporation" (PDC). Diese beiden Institutionen haben ein positives Umfeld für MNUs auf nationaler und regionaler Ebene geschaffen. Gesonderte Zollbestimmungen, Fördermittel, politische Stabilität und gezielte Verkaufsförderung sind die Mittel bzw. Instrumente, mit denen die eben genannten Institutionen (MIDA & PDC) die führenden Unternehmen der aufstrebenden Elektroindustrie ansiedeln konnten. So wurden in den 1970er beispielsweise die Firmen Intel, AMD, HP, Texas Instruments, National Semiconductor und Hitachi in Penang angesiedelt. Der Boom in der Elektroindustrie führte Mitte der 1980er zum Preisverfall der in Malaysia gefertigten Komponenten und somit zur Freisetzung vieler Arbeitskräfte. Diese wurden allerdings von neueren, dem Vorbild der Leuchtturmfirmen folgenden, Unternehmen übernommen (vgl: Rasiah 2009:124). Unter dem Strich muss also die Produktivität gesteigert worden sein, da ungefähr die gleiche Anzahl an Arbeitern bei einer höheren Anzahl an Unternehmen die steigende Nachfrage an Produkten befriedigte. Wegen der dauerhaft steigenden Konkurrenzfähigkeit der Exportproduktion in Penanag und ganz Malaysia stiegen die Löhne im ganzen Land kontinuierlich (vgl. Nabeshima / Yusuf 2009:4). Ausländische Direktinvestitionen kamen, nicht wie zuvor aus westlichen Industriestaaten, sondern aus asiatischen Staaten wie Taiwan, Korea oder Singapur, was bereits auf eine Veränderung im Kooperationsgefüge hindeutet (vgl. Rasiah 2009:124).

Auf Grund der steigenden Produktionskosten (u.a. steigende Löhne) in Malaysia wurden andere Standorte wie China und Indien zu starken Konkurrenten (vgl. Rasiah 2009:125). Mit dem technischen Fortschritt der E&E-Branche wuchs in den 1990er auch die Nachfrage der MNUs nach besser ausgebildetem Personal. Aber nicht nur aus kurzfristiger Sicht der MNUs ist gut ausgebildetes Personal tertiärer Bildungsstufe wie Wissenschaftler, Manager und Ingenieure von Bedeutung. Die Weiterentwicklung und der Fortbestand der Branche vor Ort – also des aufstrebenden Clusters - hängen von ihrer Innovationsfähigkeit ab. Innovationsfähigkeit wiederum wird von der oben beschriebenen technologischen Absorptionsfähigkeit der Unternehmen in einer Region erzeugt. Die Möglichkeiten der Unternehmen, Wissen zu generieren wurden ebenfalls bereits beschrieben (Learning by searching, Produktionsbezogenens Lernen, Learning by doing/using, Qualifikationsbezogenes Lernen, learning by interacting). Letztlich sind somit fast alle Möglichkeiten Wissen zu generieren davon abhängig, hochqualifiziertes Personal vor Ort zu haben oder Institutionen zur Netzwerkbildung nutzen zu können. Das malaysische Bildungssystem war (und ist z.T.) nicht in der Lage die Nachfrage nach hochqualifizierten Arbeitskräften zu befriedigen und auch die Anwerbung ausländischer Arbeitskräfte war auf Grund der restriktiven Immigrationsbestimmungen für Unternehmen nicht möglich (vgl. Rasiah 2002:95). Grundsätzlich nahm die Regierung darüber hinaus einen Richtungswechsel in der Ausrichtung ihrer Wirtschaft- bzw. Industriepolitik vor. War das Primärziel zuvor die Bereitstellung von einfachen Arbeitskräften um die MNUs zu „befriedigen", so sollte mit dem neuen „Second Industrial Master Plan (IMP2)" aus dem Jahr 1995 die „Industrielle Tiefe", also die Partizipation an einem größeren Teil der Wertschöpfungskette, forciert werden (vgl. Rasiah 2002:100f.). Im Jahr 1990 hatten lediglich knapp 12% der Bevölkerung einen Sekundären Schulabschluss, und einen „Post-Sekundären Schulabschluss" konnten sogar nur knapp 3% der Bevölkerung aufweisen. Die Anstrengungen der Regierung zur Verbesserung des Bildungsniveaus wiesen bis 2000 mäßigen Erfolg auf. Immerhin konnten der Anteil der Bevölkerung mit Sekundärem Schulabschluss auf gut 36% gesteigert werden und der Anteil derer mit Tertiärem Bildungsniveau auf knapp 3%. (vgl. The World Bank (Hrsg.) 2007:21, 48).

Der „Human Resources Development Fund" (HRDF) und weitere Fördereinrichtungen waren die Instrumente mit denen die Regierung die neuen Aufgaben zu bewältigen versuchte. Um trotz der nicht allzu umfangreichen Verbesserungen im Bildungssystem auf dem Weltmarkt (vor allem unter dem Konkurrenzdruck des aufsteigenden Chinas) wettbewerbsfähig bleiben zu können, änderte Malaysia auch seine Immigrationspolitik. Die ausländischen Arbeitskräfte machten 1997 rund 20% des gesamten Humankaitals aus und stammten vornehmlich aus Indonesien und Bangladesch (vgl. Rasiah 2002:100f.). Darüber hinaus wurden weitere Anstrengungen unternommen, die universitäre Ausstattung und Ausrichtung des Landes in eine nutzbare Richtung zu lenken. Malaysias Universitäten weisen beste infrastrukturelle und technologische Voraussetzungen für moderne Lehre und Forschung auf. Jedoch weist das System auch große Schwächen auf. Zu wenige Fachrichtungen und ein unausgereiftes Studiensystem sind ebenso für die Schwächen des System verantwortlich, wie die unzureichende Zusammenarbeit der Universitäten mit der Industrie und den daraus resultierenden Hemmnissen für Forschung und Entwicklung (vgl. The World Bank (Hrsg.)

2007:25f.). Die unzureichenden aber im Grunde positiv zu bewertenden Bemühungen der Regierung finden bspw. in der Anzahl der Forscher als Anteil an der Bevölkerung Ausdruck. Die Zeitreihe von 1996 bis 2002 zeigt zwar den deutlich positiven Trend im Land, offenbart jedoch zugleich die gravierenden Defizite im internationalen Vergleich mit den Mitkonkurrenten (vgl. Abb.5).

	1996	1997	1998	1999	2000	2001	2002
China	450	479	391	424	550	584	633
Japan	4,909	4,960	5,165	5,203	5,104	5,320	5,085
Korea	2,184	2,234	1,999	2,150	2,305	2,880	2,979
Malaysia	90	N/A	154	N/A	276	N/A	294
Singapore	2,482	2,558	2,905	3,188	4,140	4,053	4,352
Thailand	102	74	N/A	173	N/A	289	N/A

Source: WDI online

Abbildung 5 – Forscher pro Mio. Einwohner. Quelle: The World Bank (Hrsg.) 2007:15.

Besonders im Hinblick auf die Entwicklung Penangs, welches als dynamisches, regionales Branchencluster von Innovativität abhängig ist, bedeutet der Rückstand an Wissenschaftler auch einen Rückstand an unternehmerischen FuE-Aktivitäten und somit an Innovationsfähigkeit. Insgesamt entsteht so eine Situation, die auch den malaysischen Wissenschaftlern, welche im Ausland tätig sind keine Anreize für eine Rückkehr ins Heimatland bietet (vgl. Rasiah 2002:100ff.).

4.1.1 Abhängigkeit der Clusterentwicklung in Penang von MNUs

Wie die vorherigen Ausführungen gezeigt haben, hat die Entwicklung Malaysia bisher vor allem Anreize für große MNUs und arbeitsintensive Produktion geschaffen. Der höchste Anteil von MNUs lag in Penang im Jahr 1993 mit 91% vor, später gingen die Anteile der MNUs leicht zurück (1998: 83%), was jedoch eher auf den Rückgang der MNUs zurückzuführen ist, als auf die Gründungen oder Ansiedlungen nationaler Firmen. In Penang bildeten sich systematisch starke Netzwerke unter den Firmen und zwischen den Firmen und Institutionen, um Flexibilität und Technologieaustausch zwischen den Firmen zu erreichen. Nur so gelang es der Region in der Globalen Produktionskette der MNUs aufzusteigen und die Clusterbildung zu etablieren. Vor allem die vermehrte Ansiedlung von Unterhaltungselektronikherstellern (bspw. SONY) und anderen Herstellern für Kundenendprodukte (bspw. Dell) sowie die Ausrichtung der MNUs auf eine flexiblere Produktion bildeten die so wichtige Grundlage für (lokale) Zulieferbetriebe. Selbst wenn die Zulieferer der Endprodukthersteller noch MNUs waren, so haben „spätestens" diese ausländischen Zulieferer lokale Zulieferer auf die Bildfläche gerufen. Die gleichzeitige Ansiedlung von Halbleiterproduktion bedeutet einen kleinen technologischen Vorwärtsschritt (vgl. Rasiah 2002:101ff.). Die im vorherigen Kapitel bereits erwähnte Zirkulation der „Einfachen Arbeitskräfte" hat sich in Penang auf die besser qualifizierten Arbeitskräfte ausweiten können. So konnten in Penang trotz des Defizites an FuE-Aktivitäten (siehe auch Kapitel 4.1.2) Spillover-Effekte entstehen (vgl. Nabeshima / Yusuf 2009:24ff.). Ein weiterer wichtiger Ansatzpunkt für die Entstehung von neuem lokalem, implizitem, nicht kodifiziertem Wissen sind die zaghaften FuE-Aktivitäten der MNUs und deren Weiterbildungsaktivitäten für einheimische Arbeitskräfte (z.T. im Ausland). Somit lässt sich der Weg des Technologietransfers in Penang wie folgt beschreiben: Der wichtigste Kanal des Technologietransfers nach Penang besteht zwischen dem Hauptquartier (HQ) und der Zweigstelle in Penang der MNUs. Ein untergeordneter Kanal besteht zwischen den lokalen Zulieferern und den technologisch fortgeschritteneren Abnehmern, also den MNUs vor Ort, z.T. aber auch in anderen Industriestaaten. Grundsätzlich sind in Penang also – wie auch anderswo auf der Welt – vertikale Kanäle des Kooperation vorherrschend (vgl. Diez / Kiese 2004:12.). Jegliche Art der horizontalen Integration in Penang wird durch das Fehlen der lokalen Wissenschaftler, Ingenieure und Manager in Penang ausgebremst. Innovationsaktivitäten der MNUs in Penang beziehen sich vor allem auf die Adaption älterer Technologien auf den nationalen oder auch regionalen Markt. In Penang ließ sich beobachten, dass ehemalige Angestellte der MNUs bei der Gründung lokaler Zulieferbetriebe eine wichtige Funktion übernahmen und so Bestandteil des Spillovers waren. Hiervon profitierten die lokalen Betriebe in Form von wettbewerbsrelevantem Wissen durch die Ingenieure, Manager, etc. ebenso wie die MNUs in der Form, dass sie mit den lokalen Betrieben auf annähernd ähnlichem Niveau zusammenarbeiten konnten. Somit war es den MNUs möglich, einfacher mehr Produktionsschritte „out zu sourcen". Auf diese Weise konnte in Penang neues Wissen entstehen, in dem in den MNUs Platz für neue, junge und ideenreiche Mitarbeiter geschaffen wurde. Zudem konnten die MNUs sich so auf die höherwertigen Stufen der Wertschöpfungskette forcieren und vermehrt im Bereich der FuE tätig werden, womit sie wiederum neues Wissen und neue Qualifikation ebenso generieren, wie höhere Nachfrage an Zulieferern. Letztlich verstärkt sich so ein Prozess, welcher durch räumliche Nähe und persönliche Kontakte erleichtert wurde, zunehmend selber. MNUs unterstützen lokale Zulieferer bei der Entwicklung von Produkten und Prozessen, um als Abnehmer die erforderlichen Qualitäten erhalten zu können. Dennoch kooperieren MNUs auf innovationsrelevanter Ebene nicht mit den lokalen Firmen oder Institution, sondern lediglich mit den HQs (vgl. Rasiah 2002:104ff. & Stracke 2006:46ff.). Die bereits erwähnte Firma Dell hat im straken Maße zur Diversifizierung und „Vertiefung" der Industrie vor Ort beigetragen. Das Fertigungs-, Marketing- und Vertriebssystem von Dell ist so ausgelegt, dass es überall auf der Welt alle Schritte der Produktion, des Marketings und des Vertriebs ausführen kann. So hat die Ansiedlung einer einzigen Computerfirma zu einer „Verbreiterung" der Nachfrage nach Vorprodukten und somit auch nach unterschiedlichst qualifizierten Arbeitern erzielt. Hiervon profitiert das gesamte Cluster, indem „Branchengrenzen" überwunden werden. Dies zeigt sich vor allem darin, dass sich in dem „E&E-Cluster" in Penang zunehmend lokale Firmen der Plastikverarbeitung, des Präzisionswerkzeugbaus und der Verpackungsindustrie etablieren konnten.

In Penang konnten sich drei Ebenen von Zulieferern etablieren. Die erste Ebene der Zulieferer besitzt den direkten Kontakt zu den MNUs und übernimmt Aufgaben für sie, die sich just-in-time ändern können. Dafür haben diese lokalen oder internationalen Zulieferer der ersten Ebene einige ihrer eigenen, weniger anspruchsvollen Aufgaben an lokale Zulieferer einer zweiten Ebene übergeben. Hier werden zumeist Maschinen für die Produktion der Zulieferer der ersten Ebene hergestellt und z.T. auch entworfen. Mit zunehmender Komplexität der Aufgaben lagern die Zulieferer der zweiten Ebene ebenfalls die Produktion bestimmter, einfacher Komponenten an eine dritte Ebene der Zulieferer (lokale) aus. Hierbei hat sich die Tätigkeit vor allem der lokalen Zulieferer stets weiterentwickelt. Die Zulieferer der ersten Ebene führten zu Beginn noch sehr einfache Arbeiten aus, begannen dann aber sogar selber Produkt- oder Prozessinnovationen vorzunehmen, indem sie importierte Maschinen an ihre eigenen Erfordernisse anpassten und daraus lernten selber Maschinen zu entwickeln und diese nicht nur selber zu nutzen sonder auch zu exportieren. Dies ist einer der wenigen Fälle, in dem MNUs innovationsrelevant mit lokalen Zulieferern kooperiert haben. Zu dem sind die Kompetenzen der Zulieferer bis heute so weit fortgeschritten, das MNUs sogar das Produktdesign als innovationsrelevanten Prozess outsourcen. So konnte Penang trotz der Defizite im Bereich des Humankapitals und der damit verbundenen Schwäche in der technologischen Absorptionsfähigkeit Innovationen hervorbringen. Auf diese Weise lässt sich auch erklären, was im nächsten Kapitel noch deutlicher betrachtet wird, dass einheimische Firmen mehr für FuE-Aktivitäten leisten als die MNUs (Rasiah 2002:109 & Stracke 2006:45f.). Dennoch bleibt abschließend zu diesem Kapitel festzuhalten, dass trotz der positiven Entwicklung der lokalen Firmen und der zaghaften Entwicklung des Humankapitals die gesamte Entwicklung des Clusters durch die MNUs und deren Aktivitäten vor Ort erzeugt wurde.

4.1.2 Quantitative Messung der Leistungs- und Innovationsfähigkeit des Clusters in Penang

Die bisherigen Ausführungen über das „Technologiecluster" in Penang bleiben eine quantitative Analyse größten Teils schuldig. Diese wird im Folgenden vorgenommen. Die technologische Absorptionsfähigkeit einer Region kann u.a. mit Hilfe der folgenden Indikatoren gemessen werden: Anteil der Akademiker an der Bevölkerung oder an den Erwerbstätigen, FuE Ausgaben und Personal, Erfahrung der FuE-Abteilungen der Firmen in Jahren, Anzahl der Publikationen, Anzahl strategischer Allianzen bzw. Kooperationen, Anzahl neuer Produktideen, Anzahl neue Patente usw. (vgl. Berger 2007:49). Auch die OECD hat mit dem Oslo-Manual ein Handbuch erstellt, welches die einheitliche Messung von Innovation ermöglicht. Bezugnehmend auf NICs wird hier zunächst vorgeschlagen Kooperationsbeziehungen und Verflechtungen in einer Region, einem Cluster, zu untersuchen. Die qualitative Aufstellung ist im vorherigen Kapitel bereits vorgenommen worden. Grundsätzlich sieht das Oslo-Manual ebenfalls Input- und Output Indikatoren für die FuE-Messung vor. Die wichtigsten Inputindikatoren beziehen sich hierbei auf FuE-Aufwendungen und die wichtigsten Outputindikatoren auf Patente (Diez / Schätzl 2006:10ff.). Da diese Indikatoren auch für die Bestimmung der Absorptionsfähigkeit herangezogen werden, sollen diese nun genauer betrachtet werden. Abbildung 6 zeigt die jährlichen Ausgaben für FuE als Anteil am BIP (GERD) von 1996 bis 2002 in Malaysia und asiatischen Mitkonkurrenten in der Technologiebranche. Es zeigt sich, dass die Entwicklung in Malaysia zwar positiv ist, jedoch im internationalen Wettbewerb Defizite aufweist, die sich auch schon bei der Humankapitalentwicklung im vorherigen Kapitel gezeigt haben. Diese Entwicklungen gehen auch in theoretischer Perspektive „Hand-in-Hand": Schlicht gesagt gibt es ohne adäquates Humankapital auch keine Menschen die FuE durchführen können.

	1996	1998	2000	2002
China	0.60	0.70	1.00	1.20
Japan	2.78	2.95	2.99	3.12
Korea	2.42	2.34	2.39	2.53
Malaysia	0.21	0.40	0.49	0.69
Singapore	1.38	1.82	1.91	2.15
Thailand	0.12	0.22	0.25	0.24

Source: WDI online
Note: 1998-data for Thailand not available. Replaced with 1999 figure.

Abbildung 6 – GERD von Malaysia und asiatischen „Konkurrenten". Quelle: The World Bank (Hrsg.) 2007:16.

Die differenzierte Betrachtung der FuE-Aufwendungen der Unternehmen in Penang ist in Abbildung 7 dargestellt und zeigt, wie bereits angedeutet, dass lokale Unternehmen anteilsmäßig mehr für FuE aufwenden als die MNUs.

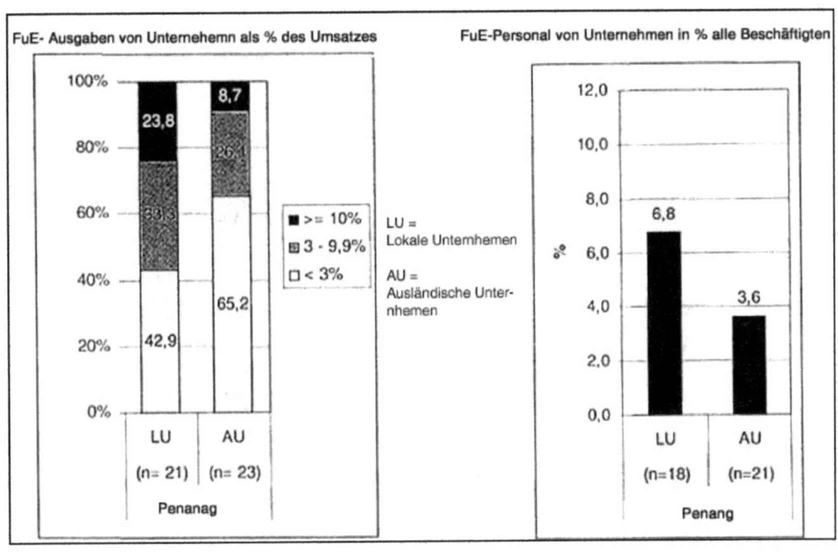

Abbildung 7 -Differenzierte Betrachtung der FuE-Aktivitäten Penang 2007. Quelle: verändert nach: Berger 2007:56f..

Dieser Trend zeigt sich auch am Anteil des Forschungs- und Entwicklungspersonals lokaler Unternehmen bzw. MNUs wieder. Auch hier zeigen sich jedoch Schwächen im Wettbewerb Malaysias mit den „Konkurrenzstaaten" (vgl. Abb. 5). Zusammenfassend betrachtet haben in Penang also die lokalen Unternehmen eine höhere Bedeutung für die Innovationsaktivitäten des Clusters als die MNUs, wohl gemerkt in relativen Zahlen. Folglich ist in Penang die technologische Absorptionsfähigkeit der lokalen Unternehmen größer als die der MNUs (vgl. Berger 2007:59). Dies lässt die Interpretation zu, dass Penang sich den Gegebenheiten optimal angepasst hat und Trotz des mangelnden Humankapitals den MNUs innovationsrelevante Aufgaben abnehmen konnte. Die lokalen Unternehmen und Institutionen haben eine aktive Rolle in der Zukunftsgestaltung übernommen.

Bei der Betrachtung der Outputindikatoren zeichnet sich ein ähnliches Bild ab, wie bei der obigen Betrachtung der Inputindikatoren. Abbildung 8 zeigt die Angemeldeten Patente Malaysias und der „Mitkonkurrenten" in den USA. Da hier ähnlich ausgeprägte „Defizitstrukturen" vorliegen wie bei den Inputindikatoren, kann eine besondere Produktivität bzw. eine besonders hohe Innovativität, die aus weniger Input (FuE) mehr Output (Patente) erzeugt, ausgeschlossen werden.

Economy	Domestic firms	Foreign affiliates	Public Institutions	Total
Malaysia	43	5	1	49
China	408	18	49	475
India	177	2	379	558
Indonesia	27	-	4	31
Korea	9,829	562	761	11,152
Singapore	610	41	144	795
Taiwan	11,621	118	947	12,686
Thailand	36	-	2	38

Source: UNCTAD 2005: 136.

Abbildung 8 - Angemeldete Patente asiatischer Länder beim US-amerikanischen Patentamt.
Quelle: The World Bank (Hrsg.) 2007:13.

Abschließend muss sich die Innovationsfähigkeit des Clusters in Penang noch dem Vergleich mit westlichen Industriestaaten stellen. Abbildung 9 zeigt Input- und Outputkenngrößen Penangs und die der Regionen des „European Regional Innovation Survey" als europäische Referenzgrößen (ERIS). Wie zu erwarten, zeigt sich hier deutlich die Position Malaysias als aufstrebendes aber bei weitem nicht voll entwickeltes Land. Auch findet sich hier der bereits erwähnte Fakt wieder, dass in NICs häufig Prozessinnovationen einen wichtigen Anteil am Innovationsgeschehen ausmachen. Da in Europa die Innovationen meist radikale Innovationen sind, entfallen hier die Prozessinnovationen.

Innovationsprozeß				Innovativ[4]		
Region	Land	F&E[1]	Patente[2]	gesamt	Produkt	Prozeß
ERIS total		78,4%	24,1%	n.e.	49,8%	n.e.
ERIS-Maximum		88,5%	36,0%	n.e.	66,0%	n.e.
ERIS-Minimum		70,0%	10,3%	n.e.	32,8%	n.e.
Penang	Malaysia	26,6%	5,8%	20,9%	12,6%	16,2%
- lokale Unternehmen	Malaysia	23,9%	3,7%	14,9%	8,1%	12,7%
- MNU	Malaysia	32,8%	10,3%	35,1%	22,8%	24,6%

[1] Anteil der Forschung und Entwicklung betreibenden Unternehmen
[2] Anteil der Unternehmen mit Patentanmeldungen in den letzten drei Jahren
[3] Anteil der Unternehmen, die in den letzten drei Jahren neue oder substantiell verbesserte Produkte oder Verfahren einführten
[4] Anteil der Unternehmen, deren Anteil neuer Produkte (Prozesse) am Umsatz (Produktionsvolumen) mindestens 25% beträgt

Abbildung 9 - Innovationsindikatoren Penangs und der ERIS-Region im Vergleich. Quelle: Diez / Kiese 2004:13.

4.1.3 Politische Handlungsfelder in Penang

Es wurde bereits erwähnt, dass die politisch initiierten Ansiedlungen von MNUs der erste wichtige Schritt zur Etablierung eines Cluster in Penang war. Die Förderung der Netzwerkbeziehungen und die selektive Ansiedlungspolitik waren ebenfalls von hoher Bedeutung. Eine Aufgabe, die begonnen wurde, jedoch noch weit von Ihrem Ziel entfernt ist, ist die des Ausbaus des Humankapitals durch ein effektiveres tertiäres Bildungssystem und weitere systematische Netzwerkförderungen. Es wird mit hohen Anstrengungen verbunden sein, sich in dem begonnen Aufholprozess gegen die asiatischen Mitkonkurrenten durchzusetzen und sich zu einem modernen Industriestaat zu entwickeln. Ein Teil dieser Anstrengungen wurde und wird in die Entwicklung des gesellschaftlichen Wandels investiert. Politisches „Groß-Instrument" dieser Aufgabe ist der im folgenden Kapitel vorgestellte MSC.

5   Multimedia Super Corridor – Politisches Instrument für den gesellschaftlichen Wandel?

Bereits einleitend zu diesem Kapitel ist der grundlegende Unterschied zwischen den Intentionen der politischen Clusterförderung in Penang und im MSC darzustellen: Während die politischen Bemühungen der Clusterförderung in Penang dazu diente, das Cluster um die produzierenden MNUs zu intensivieren und ein „clusterfreundliches" Umfeld zu schaffen, in dem die Innovationsfähigkeit des Clusters mehr oder weniger als überlebenswichtige Eigenschaft des Clusters verbessert werden musste, ist der MSC als politisch inszeniertes Cluster nicht um des Cluster Willens initiiert worden, sondern vielmehr stehen die Effekte im Vordergrund, die von dem Cluster für die malaysische Gesellschaft ausgehen sollen. Der MSC ist zwar in der Industriepolitik verankert und forciert dabei die Informationstechnologie, soll jedoch vor allem die Gesellschaft Malaysias letztlich durch weitreichendende Funktionen zu einer Wissensgesellschaft (knowledge society) und weiter zu einer Zivilgesellschaft (civil society) führen und ist ebenfalls Instrument der „Vision2020". Malaysias Gesellschaft soll also in der Zukunft ihr Kapital aus der geistigen Verarbeitung von Informationen zu neuem Wissen generieren (knowledge society), dabei soll sie kompetent geführt werden und aktiv an ihrer politischen und wirtschaftlichen Entwicklung teilnehmen (civil society) (vgl. Pretzell 2000:56f.). Natürlich kann der MSC so auch zu einer - auch für die Entwicklung Penangs so wichtigen - nationalen quantitativen und qualitativen Weiterentwicklung des Humankapitals beitragen.

Das Konzept für die rund 15 x 50 km große Fläche des MSC in ca. 20 km Entfernung zu Kuala-Lumpur wurde im Jahr 1996 vorgestellt. Herzstück des Konzeptes stellen die zwei Städte Cyberjaya und Putrajaya dar. Putrajaya soll die neue Regierungshauptstadt Malaysias werden und Cyberjaya Kern des MSC als Entwicklungsgebiet.

Die Ansiedlung der Unternehmen im MSC konzentriert sich vor allem auf solche, die Multimedia-Produkte oder Dienstleistungen entwickeln, vertreiben oder anwenden. Der Standort wurde hierzu „physisch" mit besten Voraussetzungen ausgestattet, indem das Gebiet mit modernsten Verkehrs-, Güter- und Glasfaserinternetinfrastruktur versehen wurde. Es wurden zudem sieben Bereiche benannt, welche systematisch Ausgebaut werden sollen: electronic government, telemedicine, R&D Clusters, world wide remote manufacturing, borderless marketing und multimedia funds transfer. Eine Besonderheit im MSC ist, dass modernste Technologie systematische im Alltag –

bspw. im e-government, bei der Tele-Medizin und im Bildungsbereich - eingesetzt wird. So wird die technologische Kompetenz der Bevölkerung ebenso gefördert, wie die lokale Nachfrage nach Technologieprodukten. Unternehmen die den MCS-Status erhalten möchten, müssen in einer adäquaten Branche tätig sein, internationalen Normen entsprechen, genügend hochqualifizierte Arbeiter beschäftigen und zu Unternehmenskooperationen bereit sein. Unternehmen mit dem MSC-Status profitieren von zahlreichen Privilegien. Neben der Nutzung der modernen Infrastruktur erwarten sie enorme Steuer- und Zollvorteile (Einführung von Multimediaausrüstung) sowie die Möglichkeit ausländische Fachkräfte zu beschäftigen, außerdem sind „MSC-Unternehmen" von der Kapitalverkehrskontrolle in Malaysia ausgenommen. Der „MSC-Status" ist dabei nicht ausschließlich ortsgebunden, der MCS wurde funktional um einige vielversprechende Bereiche, wie bspw. Kuala-Lumpurs City Centre, erweitert, so dass auch dort ansässige spezifische Unternehmen von den Privilegien profitieren können. Des Weiteren wurde eigens eine gesetzliche Grundlage geschaffen, welche die Zurückhaltung der Regierung und den Schutz des Geistigen Eigentums garantiert (cyberlaws). Um die Humankapitalressourcen auszubauen und somit den Übergang zur Wissensgesellschaft besser vollziehen zu können, wurde 1999 eine Multimedia-Universität eröffnet und die vorhandene und bedeutende landwirtschaftliche Hochschule vor Ort wurde in ihrer Ausrichtung auf den Wandel der Gesellschaft abgestimmt. Um Cyberjaya als vollständige Stadt zu etablieren, wurden Einkaufmöglichkeiten, komfortable Wohnviertel mit viel Grünfläche und vielfältige Freizeiteinrichtungen geschaffen. So versucht man dem großen Vorbild des „Silicon-Valley" nachzueifern und ein „Wohlfühlumfeld" für die Beschäftigten zu schaffen und so auch Spill-over-Effekte zu stimulieren (vgl. Hein 2000 & Pretzell 2000:56ff.). Insgesamt scheint es als sei eine gute Mischung aus Industriepolitik, Clusterförderung und Humankapitalentwicklung gelungen. Arbeitgeber loben heute das Arbeitskraftpotential und in einem Joint-venture ist bereits 1997 ein erster Inkubator entstanden, welcher Malaysia bereits bis 2000 45 neue lokale Unternehmensgründungen beschert hat (vgl. Hein 2000 & Pretzell 2000:57 & Law 2009). Die heute angesiedelten Unternehmen im MSC finden also ein innovatives Umfeld mit guter technologischer Absorptionsfähigkeit vor. Heute ansässige Unternehmen sind mit der Produktion und vor allem aber auch mit der Entwicklung von „State-of-the-Art-Produkten" wie bspw. Displaytechnologie, GPS-Anwendungen oder IPTV-Produktion beschäftigt. Im MSC wird versucht, besonders den kreativen Bereich zu fördern (vgl. Idris 2010). Wegen des guten Humankaitals vor Ort und des relativ späten Einstiegs in ein Technologiefeld und de facto auch durch die Inkubatoren vor Ort kann davon ausgegangen werden, das der MSC weniger strak von MNUs abhängig ist, als das Cluster in Penang. Darüber hinaus ist es jedoch auch hier gelungen internationale FuE-Abteilungen von großen MNUs wie bspw. Siemens oder Panasonic anzusiedeln (Hein 2000 & Law 2009). Die Entwicklung in Zahlen ausgedrückt zeigt, dass gesteckte Ziele zwar nicht immer „pünktlich" erreicht wurden (bereits 2005 sollten 35.000 Stellen im MSC geschaffen worden sein), aber der Ehrgeiz des Vorhabens bereits Früchte trägt (vgl. Abb.10).

Jahr:	1999	2000	2009/10
Arbeitsplätze	6.000	NA	36.000
Unternehmen	21	362	ca. 500
Einwohner	8.000	20.000*	NA

Abbildung 10 – Kenngrößen für die Entwicklung des MSC (absolut).
Quelle: eigene Darstellung. Daten: Hein 2000 & Law 2009 & Pretzell 2000:57. (* Schätzung aus 1999)

Relativiert wird positive Bewertung lediglich durch die enormen staatlichen Aufwendungen zur Initiierung des MSC von rund 20 Mrd. USD bei einem BIP von unter 100 Mrd. USD (1998) (vgl. Hein 2000 & Uni Kassel, AG Friedensforschung (Hrsg.) 2010).

6 Fazit

Diese Arbeit hat gezeigt, wie sich der Clusterbegriff von einer nationalen auf eine regionale Sichtweise entwickelt hat und wie er dann auf die Bedingungen der NICs transformiert wurde. Es hat sich gezeigt, das durch die Transformation der Theorie viele Strukturen und Prozesse der malaysischen Cluster identifiziert und beschreiben werden können.

Das Beispiel des „Technologieclusters" in Penang hat vor verdeutlicht, wie wichtig MNUs als Antriebskräfte der Cluster in den NICs sein können und wo die Möglichkeiten der politischen Clusterförderung offenbar an ihre Grenzen, oder zumindest auf große Schwierigkeiten, stoßen (u.a. Humankapital). Jedoch hat das Beispiel Penang auch gezeigt, wie dynamisch sich ein Cluster an die suboptimalen Gegebenheiten anpassen kann und dabei von der räumlichen Näher profitiert. So hat das Cluster in Penang letztlich aus den eigentlichen Hemmnissen eine lokal verankerte Entwicklungschance gemacht (u.a. Ebenen der Zulieferverflechtungen). Zusammen mit dem komplett politisch entwickelten und gelenkten Cluster des MSC bietet sich jedoch die Möglichkeit einen grundsätzlichen Wandel in der Gesellschaft hervorzurufen. M.E. sind in dieser Hinsicht die Gelder, via MSC und anderen Förderungen, in den Wandel der Gesellschaft investiert worden gut angelegt und könnten dauerhaften Erfolg erzielen.

7. Literatur

Barthelt, H. / Glückler, J. (2002): Wirtschaftsgeographie. Ökonomische Beziehungen in räumlicher Perspektive. Stuttgart.

Barthelt, H. / Glückler, J. (2003): Wirtschaftsgeographie. 2. Auflage. Stuttgart.

Berger, M. (2007): Technologische Absorptionsfähigkeit einheimischer und ausländischer Unternehmen in Südostasien. In: Zeitschrift für Wirtschaftsgeographie (51) 1. S. 46 – 62.

Clusterland Oberösterreich GmbH (Hrsg.) (2010) : Wettbewerbsvorteil durch Innovation. Abrufbar unter: http://www.clusterland.at/822_DEU_HTML.php am 1.6.2010.

De Blasio, D. / Di Addario, S. (Hrsg.) (2002): Labor market pooling. Abrufbar unter: http://www.imf.org/external/pubs/ft/wp/2002/wp02121.pdf am 6.6.2010.

Diez, R. J. / Kiese, M. (2004): Regionale Innovationspotentiale in Südostasien. In: Geographica Helvetica (59) 1. S. 7 – 19.

Diez, R. J. / Schätzl, L. (2006): Regionale Innovationspotentiale und innovative Netzwerke in Ost- und Südostasien. In Zeitschrift für Wirtschaftsgeographie 50 (1). S. 3 – 16.

Fromhold-Eisebith, M. (2001): Technologieregionen Asiens Newly Industialized Countries. Münster.

Hein, C. (2000): In Cyberjaya baut Malaysia am asiatischen Silicon Valley. In: F.A.Z (Nr. 272). S. 51.

Idris, A. (2010): Cyberjaya Offers Vast Business Opportunities For Locals. In: Borneo Bulletin (07.03.2010). S. 6.

Kreutzmann, H. (2007): Schwellenländer – Hoffnungsträger der wirtschaftlichen Entwicklung?. In: Geographische Rundschau 59 (1). S. 4 – 11.

Kiese, M. (2005): Arbeitskreis „Cluster und Regionale Wirtschaftsförderung". Abrufbar unter: http://www.wigeo.uni-hannover.de/fileadmin/wigeo/Vortraege/kiese2005e.pdf am 6.6.2010.

Kulke, E. (2008): Wirtschaftsgeographie. Paderborn.

Law, K.C. (2009): Building a city. Abrufbar unter: http://biz.thestar.com.my/news/-story.asp?file=/2009/3/7/business/3356838&sec am 6.6.2010.

Nabeshima, K. / Yusuf. S (2009): Can Malaysia Escape the Middle-Income Trap? A Strategy for Penang. Abrufbar unter: http://www-wds.worldbank.org/external/default/WDSContentServer/WDSP/IB/2009/06/19/00015 8349_20090619092524/Rendered/PDF/WPS4971.pdf am. 6.6.2010.

Porter, M. (1990): The Comperative Advantage of Nations. New York.

Porter, M. (1999): Nationale Wettbewerbsvorteile . Wien.

Pretzell, K.-A. (2000): Cybercity, Putrajaya und die Zukunft der malaysischen Gigantomanie. In: Geographische Rundschau (52) 4. S. 56 - 58.

Rasiah, R. (2002): Systemic coordination and the development of human capital: knowledge flows in Malaysia's TNC-driven electronics clusters. In: Transnational Corporations (11) 3. S. 89 – 131.

Rasiah, R. (2009): Expansion and slowdown in Southeast Asian electronics manufacturing. In: Journal of the Asia Pacific Economy (14) 2. S. 123 – 137.

Sauter, B. (2004): Regionale Cluster. In: STANDORT; Zeitschrift für Angewandte Geographie 28 (2). S.66 – 73.

Stracke, S. (2006): Innovationsverflechtungen zwischen lokaler Einbettung und globalen Wertschöpfungsketten. In: Zeitschrift für Wirtschaftsgeographie (50) 1. S. 44 - 57.

The World Bank (Hrsg.) (2007): Malaysia and the Knowledge Economy. Abrufbar unter: http://www-wds.worldbank.org/external/default/WDSContentServer/WDSP/IB/2007/10/03/00002 0439_20071003115258/Rendered/PDF/403970MY0Knowl1white0cover01PUBLIC1. pdf am 6.6.2010.

UNCTAD (Hrsg.) (2010): Developing Evonomies. Abrfubar unter: http://www.unctad.org/sections/stats/docs//gds_csirb_c&td-1-3_en.pdf am 6.6.2010

UNDP (Hrsg.) (2009): Human Development Report 2009. New York.

UNDP (Hrsg.) (2010): Human development index trends. Abrufbar unter: http://hdrstats.undp.org/en/indicators/74.html am 6.6.2010.

Uni Kassel, AG Friedensforschung (Hrsg.) (2010): Malaysia: Grundinformationen zu Geschichte, Wirtschaft und politischen Problemen. Abrufbar unter: http://www.uni-kassel.de/fb5/frieden/regionen/Malaysia/grundlagen.html am 6.6.2010.

wawasan2020.com (Hrsg.) (2008): The Way Forward - Vision 2020. Abrufbar unter: http://www.wawasan2020.com/vision/ am. 6.6.2010.